調べようごみと資源 ②

紙・牛乳パック・布

監修：松藤敏彦　北海道大学名誉教授　　文：大角修

❷ 紙・牛乳パック・布
もくじ

くらしと紙
紙の種類と使い方 …………… 4

紙ができるまで
紙は木からつくる …………… 6

使い終わった紙は
古紙の回収 …………… 8

古紙の分別とリサイクル
まぜてはいけないものもある …………… 10

古紙のリサイクル工場
板紙工場の見学 …………… 12

段ボールのリサイクル
段ボールはリサイクルの優等生 ……… 16

牛乳パックができるまで
紙の容器のつくり方 …………… 18

牛乳パックのリサイクル
トイレットペーパーや
ティッシュペーパーに …………… 20

古紙のさまざまな活用法
紙の原料以外のリサイクル …………… 22

和紙のリサイクル
和紙の歴史 …………… 24

布とせんい
天然せんいと合成せんい …… 26

布類がいっぱい
衣類のほかにもいろいろ …… 28

布類をごみに出すときは
いらなくなった衣類や布のゆくえ …… 30

衣類のリサイクル
衣類の行き先は？ …… 32

衣類のリサイクル工場
リユースや再生のくふう …… 34

紙と布の3R
資源とエネルギーの節約 …… 40

- もっとくわしく知りたい人へ …… 42
- 全巻さくいん …… 45

くらしと紙
紙の種類と使い方

くらしの中の紙

くらしの中で紙は、読む・書く、包んだり箱にしてものをつめる、水分やよごれをぬぐうといったことに役立っています。

読む・書くための紙としては、新聞用紙、印刷・情報用紙があります。ものを包んだり箱につめるのには、包装用紙と紙器用板紙、段ボール原紙が使われます。また、水分やよごれをぬぐう紙としては、ティッシュペーパー、トイレットペーパーなどの衛生用紙が使われています。

紙の種類　紙と板紙

紙の中で、下の写真のように、2枚以上をかさねてつくった紙を板紙といいます。身の回りの板紙としては、段ボール箱、ケーキの箱、紙パック、ジグソーパズル、布地やラップのしん、工作用紙などがあげられます。

ケーキの箱や工作用紙のように、表面と裏面の紙がことなるものが多いので、身の回りでさがしてみましょう。

紙の種類と生産量

紙は「板紙」と「紙」に分けられる。両方合わせた1年間の生産量は2600万トン以上。輸出入を差し引きした国内消費量も同じくらいで、国民1人あたり1年間の使用量は、およそ200kg以上にもなる。

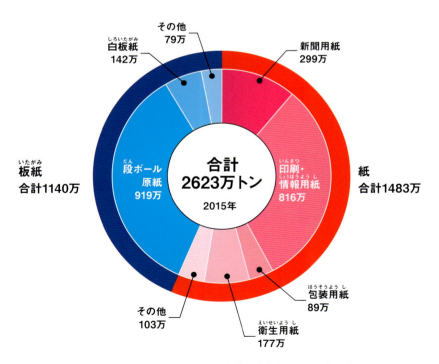

経済産業省「紙・パルプ統計」2015年より

板紙は、表面の白い紙の下に灰色の部分が見える。2〜7枚の紙をはり合わせてつくられているからだ。灰色の部分は、色がついた再生パルプ（14ページ参照）を使っている。

くらしの中の紙

紙はどんなものに使われているか、思い出してみよう。

読む・書く 本・雑誌・新聞紙、プリンタ用紙など。これらには「印刷・情報用紙」といわれる紙が使われる。

包む・入れる 商品をくるむ包み紙や紙袋、紙箱など。段ボール箱や紙箱には板紙が使われる。

住まいの紙 障子紙やふすま紙、壁紙など。

ぬぐう よごれをぬぐう紙。ペーパータオルやトイレットペーパーなど。衛生用紙という。

紙ができるまで
紙は木からつくる

紙のつくり方

紙の原料の木材はかたいのに、紙がやわらかいのは、ふしぎですね。

木材は、セルロースとリグニンというものでできています。セルロースは細長く、しなやかなせんいの一種です。ところが、リグニンが接着剤のような働きをして、セルロースをかたくくっつけているので、木材はかたいのです。

木材からリグニンを取りのぞくと、やわらかいセルロースが残ります。それをパルプとよび、紙の材料に使います。まず木材をチップにし、薬液でリグニンをとかしてせんいを取り出す化学パルプと、機械ですりつぶしてつくる機械パルプがあります。また、古紙はかんたんにせんいにもどせるので、木材の代わりに使えます。古紙からつくるパルプを、再生パルプとよびます。

できたパルプは、次の工程で紙になります。
① パルプを水にとき、うすく広げる。
② うすく広げたパルプを乾燥させる。

紙ができるまで

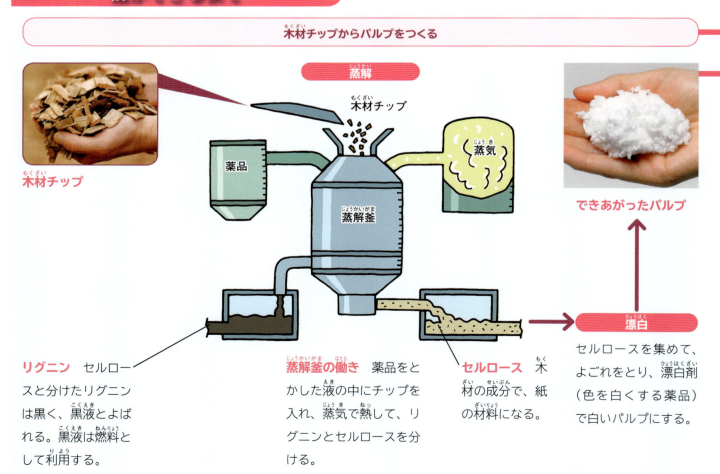

木材チップからパルプをつくる

木材チップ

蒸解 木材チップ 薬品 蒸気 蒸解釜

できあがったパルプ

リグニン セルロースと分けたリグニンは黒く、黒液とよばれる。黒液は燃料として利用する。

蒸解釜の働き 薬品をとかした液の中にチップを入れ、蒸気で熱して、リグニンとセルロースを分ける。

セルロース 木材の成分で、紙の材料になる。

漂白 セルロースを集めて、よごれをとり、漂白剤（色を白くする薬品）で白いパルプにする。

森から木をきり出し、チップをつくる

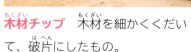

木材チップ 木材を細かくくだいて、破片にしたもの。

紙をつくるための人工林 原料の木材は、植林した人工林からきり出したり、建築用などに使われた木材の残りを利用したりしている。（写真はパルプ材用にベトナムで植林された森林）

製紙工場 海や川の近くにある。木材チップを運びこむのに船を使うのと、水をたくさん使うためだ。

→ パルプをうすくのばし、せんいをからみあわせて、かわかす → **紙の完成**

→ **抄紙機**

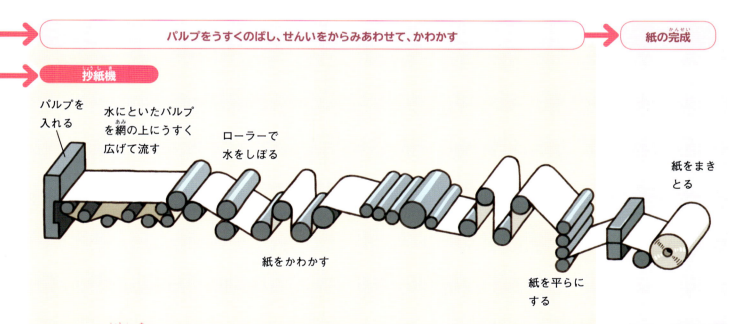

- パルプを入れる
- 水にといたパルプを網の上にうすく広げて流す
- ローラーで水をしぼる
- 紙をかわかす
- 紙を平らにする
- 紙をまきとる

抄紙機 パルプを水にといて、網の上でうすくのばし、せんいをからませて、連続して紙をつくる機械。

使い終わった紙は
古紙の回収

さかんな古紙の回収

使い終わった紙を古紙といいます。回収した古紙はパルプ（せんい）にして、紙の原料として使うことができます。

日本では昔から紙のリサイクルが行われてきました（24ページ参照）。今でも、新聞や雑誌、段ボールなどの回収がさかんです。そのほか、包み紙、紙箱、コピー用紙、プリント類などの雑紙の回収も行われています。

こうしたものを合わせて、古紙の近年の回収率は、80％以上になっています。

古紙は、市町村のごみの分別収集で「資源物（資源ごみ）」として回収したり、学校のPTAや町内会などの団体で集団回収したりしています。

回収した古紙は、製紙工場に集められ、パルプを取り出し、新聞紙や段ボールなどの紙や板紙の原料として使われています。1トンの古紙は、直径14cm・高さ8mの立木約20本のパルプ量と同じです。

紙の使用量と回収量の変化

古紙の回収率は年々上がってきた。カッコ内はパーセント。

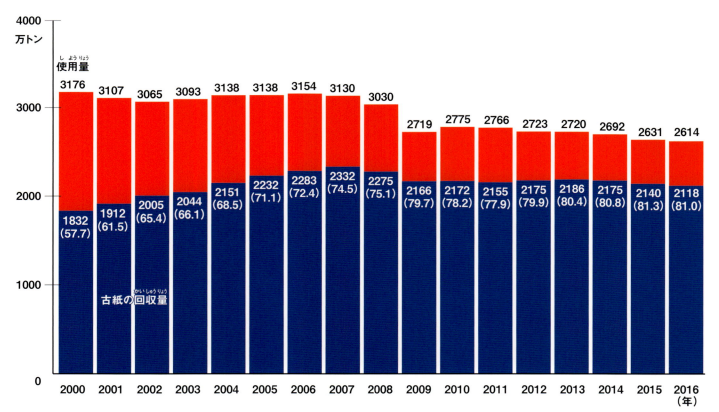

古紙再生促進センターHP「古紙回収率の推移」より

＊古紙回収率は、紙・板紙の使用量に対する回収量の割合。

古紙回収のしくみ

家庭から出された古紙は、市町村の分別収集や集団回収などによって、古紙回収業者から古紙問屋、そして製紙工場に運ばれる。製紙工場では、古紙をパルプにもどして、新しい紙をつくる。

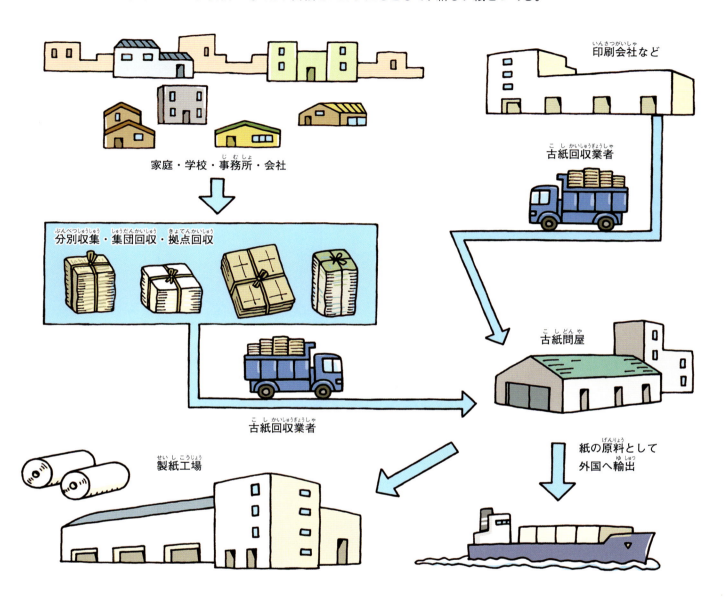

古紙の集団回収

古紙は紙に再生しやすい資源なので、昔から、回収して再生するしくみがあった。現在では、上のようなしくみになっている。

古紙の集団回収とは、町内会などの団体ごとに古紙を集めて、契約した回収業者にわたすこと。集団回収のしくみについては、第5巻を参照してください。

集団回収のために出された古紙 出す場所、曜日など、団体ごとにきまりがある。

古紙の分別とリサイクル
まぜてはいけないものもある

古紙を資源として出すときの分別

5ページで見たように、わたしたちはくらしの中で、いろいろな紙を使っています。しかし、資源物（資源ごみ）として回収されている古紙の多くは、新聞紙・雑誌、段ボール、牛乳パックです。

もっとほかの紙も回収すればよさそうですが、じつは、まざるとリサイクルにこまる紙もあります。また、同じ種類の紙を集めた方が、パルプにもどしてリサイクルしやすくなります。そのため、見わけやすく量も多い新聞紙や段ボール、牛乳パックの回収が多いのです。

もったいないからといって、古紙にまぜてはいけない紙もあるよ。それらは「燃やすごみ」に分別して、ごみ収集の日に出そうね。

まぜてはいけない！

回収した古紙の中には、製紙工場でリサイクルするとき、まざるとこまる紙がある。それらのものを「禁忌品」とよんでいる。

レシートやファックスの紙 熱に反応して黒くなる感熱紙が使われている。

紙コップやヨーグルト容器 水をはじく防水加工がされているもの。

宅配便の宛名シートなど 下の紙に文字を写すため、裏カーボン紙、ノーカーボン紙という紙が使われている。

金紙・銀紙 うすく打ちのばした金属が押しつけられている。

昇華転写紙 アイロンで布に絵柄などを写すための紙。

古紙は何にリサイクルされるか

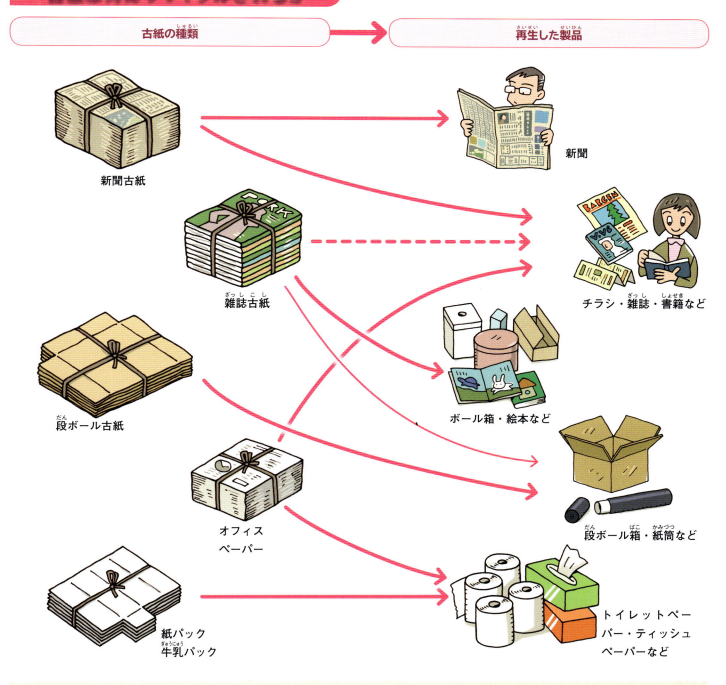

フレッシュパルプと再生パルプ

木材から新しくつくるパルプを「フレッシュパルプ」、古紙からつくったパルプを「再生パルプ」、または「古紙パルプ」という。日本では、紙をつくるパルプの多くが再生パルプだ。その分だけ、フレッシュパルプをへらし、森林からきり出す木や、木材チップの運送に使うエネルギーを少なくできる。

グリーンマーク 古紙を規定以上に原料として使用した製品につけられている。

古紙のリサイクル工場
板紙工場の見学

古紙から再生パルプへ

古紙から紙をつくっている工場をたずねました。ここは紙器用板紙（紙箱の紙）をつくる工場で、原料は新聞や雑誌の古紙です。それがどのように紙に再生されるのかを順に見ていきましょう。

古紙が原料の再生パルプから板紙をつくる工場です。

古紙のリサイクルの流れ

古紙をパルパーに運ぶ

古紙のたばのひもをはずし、ベルトコンベアで運ぶ。

古紙をとかす

パルパー　古紙を薬品が入ったお湯の中でかきまぜて、パルプ（せんい）にする。写真はパルパーを上から見たところ。

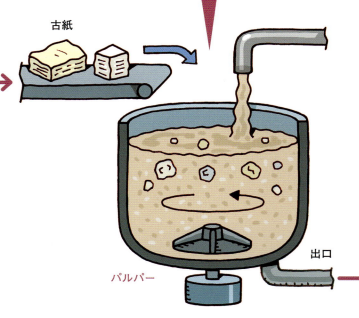

古紙　パルパー　出口

古紙のヤード（受け入れヤード） 回収された古紙が山のように積まれている。

→ クリップなどの大きな異物を取りのぞく → 印刷インクを取りのぞく →

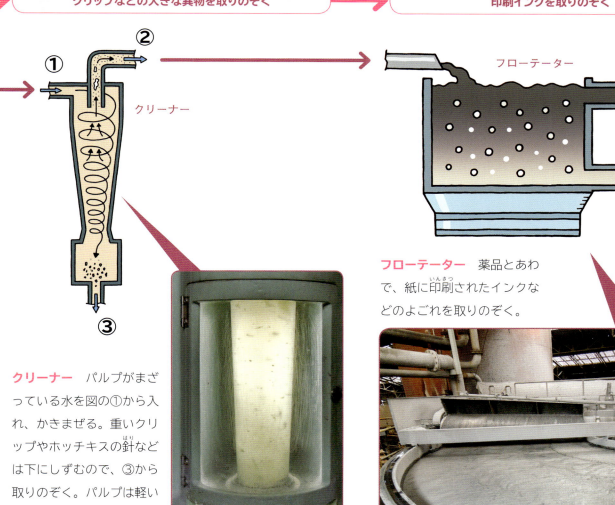

クリーナー パルプがまざっている水を図の①から入れ、かきまぜる。重いクリップやホッチキスの針などは下にしずむので、③から取りのぞく。パルプは軽いので、②から取り出す。

フローテーター 薬品とあわで、紙に印刷されたインクなどのよごれを取りのぞく。

13

→ | さらによごれを取る | → | 再生パルプにする |

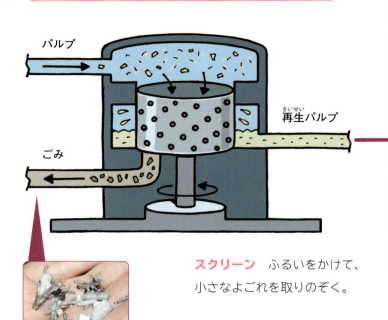

スクリーン ふるいをかけて、小さなよごれを取りのぞく。

取りのぞいたごみ

再生パルプ 白いかたまりはフレッシュパルプ。再生紙の質をよくするため、少しまぜている。

よごれを取り、まざりものを取って、再生パルプができます。

水をきれいにする

古紙を再生するときには、たくさんの水を使う。使ったあとの水は工場内の浄水場でよごれを取り、川にもどす。

浄水場の沈殿池 よごれをしずませる施設。むこうに川が見える。

♻古紙再生工場の人の話

古紙は4回くらいまでリサイクルできますが、くりかえし使うとせんいが短くなり、再生紙にできなくなります。そうなった古紙を、うちの工場では炭化ペレットという燃料にして、製鉄所で使ってもらっています。ほかの工場では、古紙ボードとか燃料にしているところもあるようです（23ページ参照）。

まきとられた板紙を切りわける

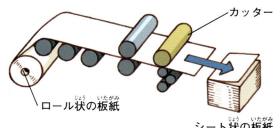

できあがった板紙 大きなロールになっている。

板紙の製品 一定の大きさに切り、紙箱のメーカーなどに出荷する。

古紙利用率と紙のマーク

古紙利用率は、紙や板紙をつくる原料のうち古紙を利用する割合をしめしている。回収した古紙をきちんと再資源化するには、再生紙の利用率を上げることが必要だ。そのためには、再生紙を買ってもらうことが必要になる。

下のマークも、11ページのグリーンマークと同じで、再生パルプを使った製品（再生紙）につけられています。このマークの紙を買うと、資源の節約になるのよ。

古紙パルプ含有率　100％

数字は材料のパルプ（せんい）のうち再生パルプの割合。

古紙利用率

板紙	紙
古紙 93.5％	古紙 40.2％

全体: 古紙 64.3％

古紙再生促進センターHP「日本の紙リサイクル」2016年より

段ボールのリサイクル
段ボールはリサイクルの優等生

段ボールの原料は段ボール

段ボールは「中しん」とよばれる波形の板紙を「ライナ」といわれる板紙ではさんだものです。多くは茶色で、古紙から再生するパルプを漂白（白くすること）しなくてもつくることができます。

とくに「中しん」は表から見えないし、質がよくない板紙でも波形にすればじょうぶにできます。

板紙の質がそれほどよくなくても利用できるということは、再生するうえで、とても有利なことです。くりかえし再生できる段ボールは、リサイクルの優等生です。

段ボールができるまで

表・裏・中しんの原紙

段ボール原紙 段ボール原紙のパルプは、90％以上が古紙の段ボールから再生されている。ただし、7回くらいくりかえし使うと、再生パルプのいたみがひどくなるため、フレッシュパルプもまぜて一定の質をたもっている。

中しん・表ライナ・裏ライナを接着する

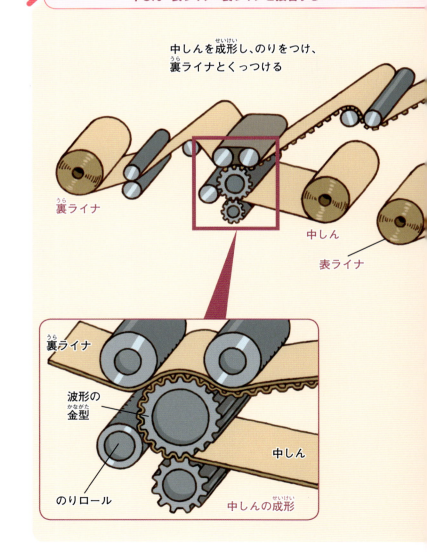

中しんを成形し、のりをつけ、裏ライナとくっつける

裏ライナ／中しん／表ライナ

中しんの成形：裏ライナ／波形の金型／のりロール／中しん

段ボールの構造

中しんは、波形で弾力があり、じょうぶ。断熱効果もある。

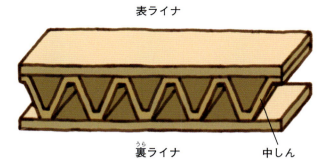

表ライナ
裏ライナ　中しん

段ボールのマーク

リサイクルできる段ボールには、右の図のようなマークがつけられている。同じマークが、世界のおもな国々で使われている。

ダンボール

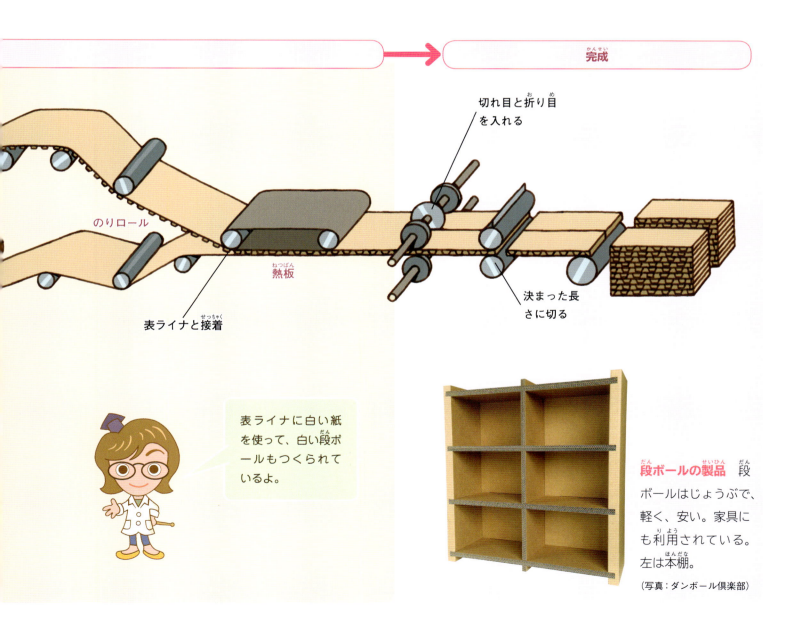

完成

切れ目と折り目を入れる

のりロール

熱板

表ライナと接着

決まった長さに切る

表ライナに白い紙を使って、白い段ボールもつくられているよ。

段ボールの製品　段ボールはじょうぶで、軽く、安い。家具にも利用されている。左は本棚。

（写真：ダンボール倶楽部）

17

牛乳パックができるまで
紙の容器のつくり方

紙パックの特長

飲み物の容器には、紙パック（紙容器）、ガラスびん、かん、ペットボトルなどがあり、それぞれ長所と短所があります。紙パックは牛乳パックのほか、ジュース、お酒などの容器にも使われています。紙パックは軽くて、ガラスびんのようにわれることはありません。つくる費用も安いし、回収してリサイクルしやすいのも特長です。

こうした長所があるため、たくさん使われるようになったのです。

逆に短所もあります。中身を飲んだあとはすて

牛乳パックができるまで

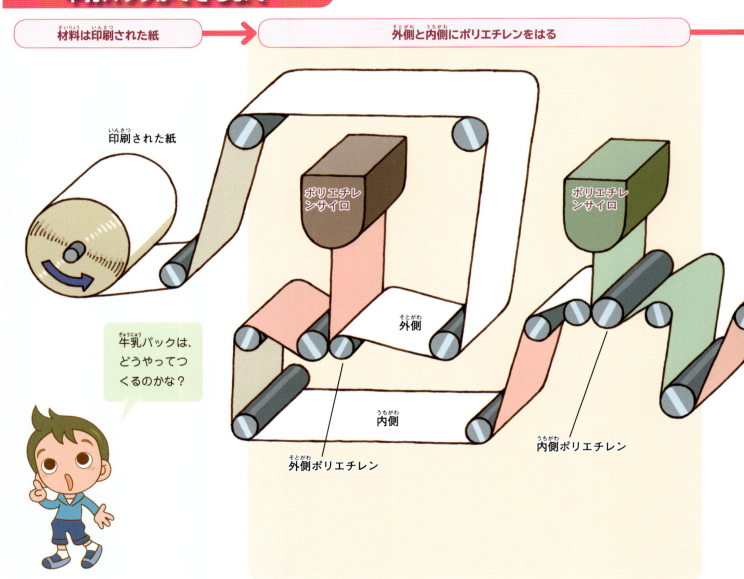

材料は印刷された紙 → 外側と内側にポリエチレンをはる

印刷された紙
ポリエチレンサイロ
ポリエチレンサイロ
外側
内側
外側ポリエチレン
内側ポリエチレン

牛乳パックは、どうやってつくるのかな？

られやすいことです。リサイクルするためには、洗って乾燥させる手間がかかるからです。

🌿 牛乳パックのつくり方

紙の箱を牛乳などの液体の容器（パック）に使う方法は、100年ほど前にアメリカで発明されました。そのころは表面にワックスをぬって中身がもれないようにしていました。今ではラミネートといって、ポリエチレンのフィルムなどを紙の両面にはりあわせてつくっています。ここでは牛乳パックのつくり方を見てみましょう。

紙製の容器をよく見ると

紙パック識別マーク 牛乳パックなどについているマーク。内側にアルミ箔がはられていない紙パックにつけられている。

紙製容器包装識別マーク 店で売られている品物の容器のうち、紙箱、紙袋、包装紙、紙コップなど、紙パックや段ボールをのぞいた紙製のものにつけられている。アルミ箔が内側にはられた紙パックにはこのマークがつけられている。

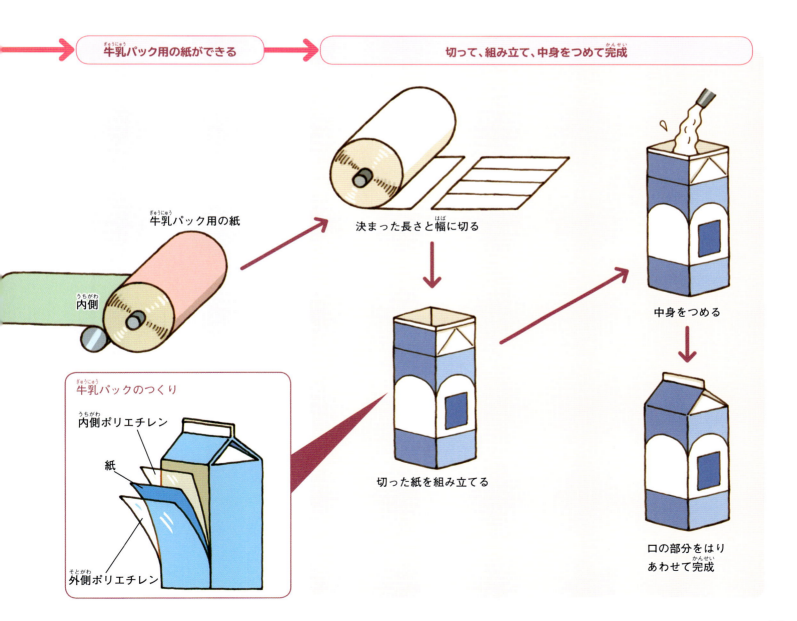

牛乳パックのリサイクル
トイレットペーパーやティッシュペーパーに

紙パックをリサイクルするくふう

牛乳パックの中身は食品であることから、質のよいフレッシュパルプが使われています。また、市町村の資源物回収のほか、スーパーなどの店にもよく回収ボックスがおかれ、ほかの紙とは別に回収されています。

ただ、リサイクルはかんたんではありません。液体をもらさないためにはりつけられたポリエチレンフィルムを取りのぞくため、長い時間、薬品の入ったタンクにつけておかなければなりません。そのとき、せんいがいたむので、多くはトイレットペーパーやティッシュペーパーなど、使い切りの製品に再生されています。

牛乳パックなどの紙パックのリサイクル

原料をパルプにもどす → **パルプからパルプ以外をはがす**

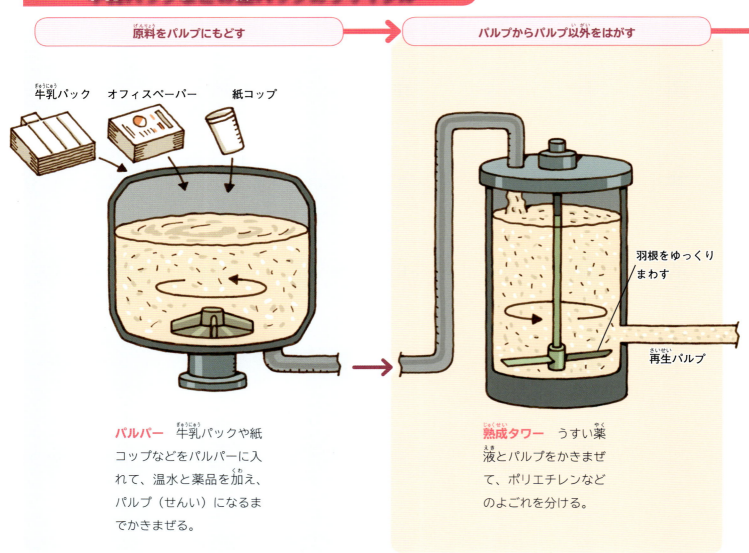

パルパー 牛乳パックや紙コップなどをパルパーに入れて、温水と薬品を加え、パルプ（せんい）になるまでかきまぜる。

熟成タワー うすい薬液とパルプをかきまぜて、ポリエチレンなどのよごれを分ける。

牛乳パックの出し方

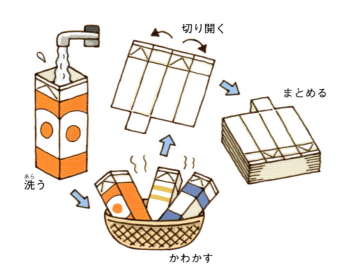

牛乳パックのリサイクル品マーク

右のマークは、牛乳パック再利用マーク（パックマーク）という。回収された牛乳パックを原料にしてつくられたトイレットペーパー、ティッシュペーパーなどにつけられている。

パルプからよごれやインクを取る

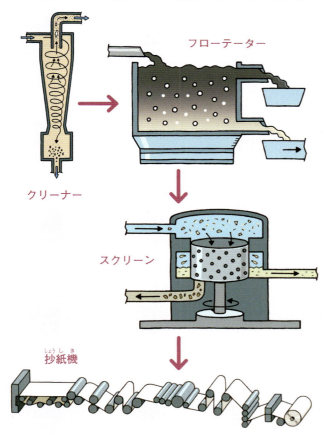

よごれのまざったパルプは、クリーナーで重いクリップなど、フローテーターでインク、スクリーンでさらに小さなごみを取りのぞき、抄紙機で紙になる。

抄紙機でロールにして、カッターで切り、完成

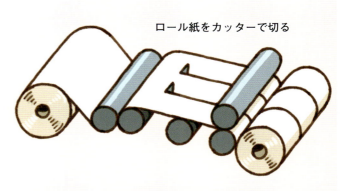

ロール紙をカッターで切る

牛乳パックはトイレットペーパーやティッシュペーパーに再生される。

古紙のさまざまな活用法
紙の原料以外のリサイクル

特色をいかす

古紙の活用は、紙の原料にするだけではありません。木材パルプの性質をいかして、いろいろなものに利用されています。

パルプはふわふわとやわらかいので、そのまま家畜の飼育舎のしきもの（敷料）、家の壁の材料などに使われています。逆に、かためると、木の板のようなボード、たまごパックのような容器に利用できます。

また、炭くらいの大きさにかためると、よく燃える燃料になります。

いろいろなくふうによって、古紙の使い道が広がっています。

紙は、回収すればいかせる資源ですよ。

古紙は紙以外には何に使われているか

古紙再生促進センター「古紙ハンドブック2015」より作成

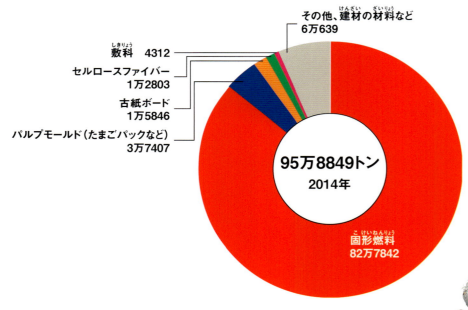

- その他、建材の材料など 6万639
- 敷料 4312
- セルロースファイバー 1万2803
- 古紙ボード 1万5846
- パルプモールド（たまごパックなど） 3万7407
- 固形燃料 82万7842

95万8849トン 2014年

固形燃料のRPF 古紙とプラスチックごみをまぜてかためた固形燃料。リサイクルしにくいいろいろな種類の古紙と、プラスチックごみを活用する方法。

古紙ボード 古紙でつくられた板。収納ケースなどに利用されている。

敷料 牛やブタなどの飼育舎にしいて、余分な水分をすわせたり、家畜の糞尿とまぜたりすれば、たい肥に使用できる。

紙マルチ 田畑をおおい、雑草や乾燥を防ぐためのマルチを再生パルプでつくったもの。取りのぞかなくても自然に分解する。（写真提供：農研機構）

セルロースファイバー 新聞古紙などを綿のようにし、家の壁にふきつけて使えるように加工したもの。断熱・防湿・防音の効果がある。

パルプモールドのペンケース 水でどろどろにした古紙を型に入れてかためると、軽くてじょうぶな製品になる。

古紙はいろんなことに使えるのね。

23

和紙のリサイクル
和紙の歴史

🍃 紙の発明と和紙

　紙は今から2000年以上も昔、中国で発明されました。その後世界中に伝わり、日本には1400年ほど前に伝えられました。

　日本では独自にくふうされて、和紙として発展してきました。

　和紙には、コウゾやミツマタ、ガンピなどの枝の皮を使います。皮をほぐすと、長くてじょうぶなせんいが取れます。それが和紙の原料です。

　そのせんいを、トロロアオイという植物の根からとった「ネリ（糊）」をとかした水の中に浮かせ、かきまぜて和紙をつくります。下の絵は昔の和紙づくりとリサイクルの様子です。

和紙ができるまで

和紙の原料 → **枝を取り、蒸してから皮をむき、水にさらす**

コウゾ（クワ科）

ガンピ（ジンチョウゲ科）

ミツマタ（ジンチョウゲ科）

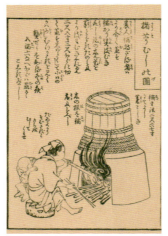
①木の枝をゆでる。

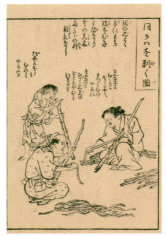
②皮を取ってほぐす。

③川の水にさらす。

和紙のリサイクルの流れ

古紙を集め、ちぎる

釜で煮る

和紙の製品

和紙でつくられた着物 軽くてじょうぶであたたかい。

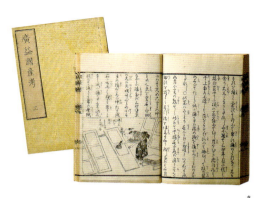

和紙でつくられた本 本は貴重だった。表紙のしんには再生紙が使われた。

たたいてせんいにする

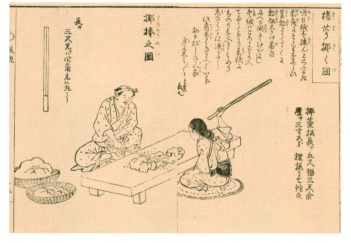

④皮をたたいて、せんいを取り出すとともに、よごれを取る。

ネリを加えてすき、かわかして完成

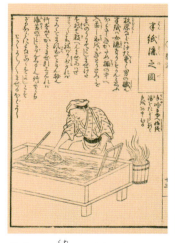

⑤ネリを加え、紙をすく。

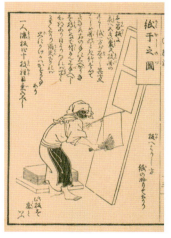

⑥かわかす。

（『紙漉重宝記』国立国会図書館蔵）

たたいて墨やよごれを取る

トロロアオイ 根からとれるねばねばした液（ネリ）を和紙づくりに使う。

25

布とせんい
天然せんいと合成せんい

せんいの分類

せんいには、糸にして織れば、布になるものもあります。そのせんいには、大きく分けて、天然せんいと合成せんいがあります。合成せんいは化学的に合成されるので「化学せんい」ともいいます。

天然せんいは、綿や麻など植物からとるものや、羊毛や絹など動物からとるものがあります。これらの天然せんいは大昔から使われてきました。

合成せんいは、1935年にアメリカでナイロンが人工的に合成されたのをはじめ、アクリル、ポリエステルなど、いろいろな種類のせんいがつくられるようになりました。今では、おもに石油を原料としてつくられています。

昔は天然せんいしかなかったんだって。

木綿の糸と布ができるまで

原料 → **糸をつむぐ**

綿花 実にはえる毛がせんいで、白い花がさいたように見えることから綿花という。この毛を集めて綿をつくる。

ワタの花

綿のせんいをよりあわせて、糸をつむぐ

つむいだ糸をほしているところ。

合成せんいと布ができるまで

　合成せんい（化学せんい）は、原料の石油を液状にして、小さな穴から細長くふきだし、かためて糸にする。同じ方法で、ペットボトルから布をつくることもできる。

　ペットボトルはポリエチレンのなかまのPET樹脂（ポリエチレンテレフタレート）でつくられている。それを液状にし、細長くふきだすと、ポリエチレンの糸ができる。

　この方法は、じつはカイコが絹糸をつくるのと同じだ。カイコはまゆをつくるとき、口もとから糸をはく。その糸のもとは体内の液で、細くはきだすと空中でかたまって糸になる。

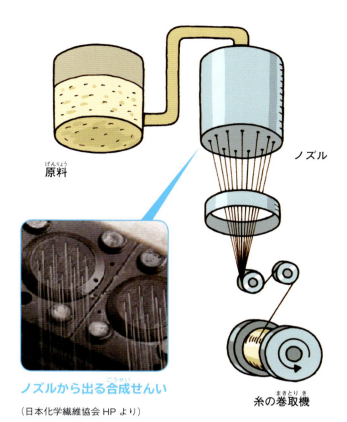

原料　ノズル　ノズルから出る合成せんい　糸の巻取機
（日本化学繊維協会HPより）

糸をはくカイコ　口もとからはく糸でまゆをつくる。そのまゆからとるのが絹糸だ。
（写真提供：群馬県立日本絹の里）

布を織る

つむいだ糸で布を織る。

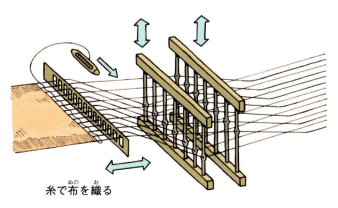

糸で布を織る

その他の天然せんい

ヒツジ　毛をかって羊毛を取る。（photo by karinckarinc）

カイコ　上はまゆ。まゆから糸を取る。

布類がいっぱい
衣類のほかにもいろいろ

🌱 家の中の布

布は、衣類はもちろん、生活の中で、さまざまに利用されています。

家具のソファー、クッション、カーペット、寝具のふとん、毛布、顔や体をふくタオルなど、家の中でたくさんの布を見つけることができます。

また、糸や毛糸、ロープも、せんいでつくられています。家の中で、布が使われているものをさがしてみましょう。

いろいろな衣類

冬は温かく、夏はすずしく。汗をよくすう下着、スポーツウェアや仕事の作業着、七五三の着物、パーティー用のドレスなど、衣類にあわせて布地が使われている。ぼうしやくつ、バッグ、かさにも布が使われている。

いろんな服があるから、楽しいよね。

いろいろな布類とせんい

衣類のほかにも、布はいろいろ使われている。ほかにどんなものがあるかな？

家具 ソファー、いす、テーブルクロス、カーペット、カーテンなど。

寝具 ふとん、まくら、シーツ、毛布など。

衛生用品 タオル、ふきん、てぬぐい、ぞうきん、ネットなど。

糸・ロープ 裁縫用の糸、毛糸、洗濯ロープなど。

布類をごみに出すときは
いらなくなった衣類や布のゆくえ

回収率が低い布類

わたしたちは、くらしの中で、たくさんの布類を使っています。では、いらなくなった布類は、どうしているでしょうか。

じつは、布類のリサイクル率は、紙にくらべるととても低いのです。紙は水の中でパルプにもどして紙にできますが、糸を織ってつくられている布は、なかなか、もとの糸やせんいにもどして、布に織ることができません。

しかも、いろいろな種類のせんいをまぜて織られている布も多いので、ますますせんいにもどすことがむずかしいのです。そのため、紙とくらべ布類のリサイクル率は低くなっています。

衣類・布のリサイクル

人手で糸をつむぎ、織っていた昔は、布は貴重で高価なものでした。ですから、古着やぼろきれを買い取ってくれる職業の人もいて、衣類や布が回収されてきました。

今では大量に安く布地や衣類ができるようになり、まだ着られる衣類でも、かんたんにすてて、買いかえることが多くなりました。

そのため、衣類は「燃やすごみ」になることが多いのです。また、ふとん、カーペットなどの布類の多くは、粗大ごみとして処理されていますが、昔から行われてきた衣類のリサイクルのしくみとくふうは、今もいきています。

リサイクルする衣類や布

肌着・下着／フェイスタオル バスタオル／枕カバー／ハンカチ／マフラー／カーテン／カバン／再使用できる皮革衣料品／シーツ／ふとんカバー／ブラジャー／ガードル

粗大ごみの選別 粗大ごみに出されたふとんなどの布類を、手で選別している。

集積所に出された布類 きちんと出すと、リサイクルしやすい。

リサイクルできない衣類や布

泥、油、ペンキなどでよごれたもの / ぞうきん / 掛ぶとん / 座ぶとん / 便座カバー / カーペット / ペット用タオル / スリッパ / 会社の制服 / 裁断くず / 電気毛布 / 敷ぶとん / 雨がさ / ペットマット

衣類のリサイクル
衣類の行き先は？

古着や布の回収

リサイクルする衣類は、市町村や集団回収で資源物（資源ごみ）として回収しています。それらは古着や布をあつかう回収業者によって、リサイクル工場に運ばれます。

これは古紙のリサイクルのしくみと同じです。古着と古紙をいっしょにあつかうことが多かった昔のしくみが今もいきているのです。

回収された衣類や布には、おもに3つの用途があります。①中古衣類（衣料）として再使用、②ウエス（よごれをふきとるぼろきれ）に加工、③反毛に加工して再生利用の3つです。それぞれ、どのようにリサイクルしているのかは、34ページから見ていきます。

衣類や布類のリサイクルの流れ

＊古着や中古衣類は、「故せんい」ということもある。

回収された衣類

せんいリサイクル会社にとどいた衣類の山　大きなケージ（かご）につめこまれている。

衣類のリサイクル工場
リユースや再生のくふう

いろんな衣類がやってくる

　衣類のリサイクル工場には、ぎっしりと衣類がつまった大きな鉄のケージ（かご）が、いくつもならんでいます。回収業者からケージごと買い取ったものです。

　中にどんな衣類が入っているのかはわかりません。家庭などから出された衣類がそのままつめこまれているからです。

　リサイクル工場の仕事は、ケージから中身を出して、中古衣類（衣料）としてリユース（再使用）できるもの、反毛にするもの、ウエスにするものに分けることからはじまります。

たずねた衣類のリサイクル工場

回収された衣類にはいろいろなものがある。

衣類のリユース

　古着を1着ずつ手で取りあげ、目で見て、リユース用の衣類を選ぶ。いたみが少なくて、まだ着られることだけでなく、買ってもらえるものであることが大切だ。

　日本の中古衣類（衣料）は、おもに東南アジアに輸出されている。東南アジアの人々は体形が日本人と似ていることが大きな理由だ。気温が高い東南アジアでは、日本の夏用の衣類が好まれる。

次の人に着てもらうつもりで衣類を出してくださいね。ボタンやファスナーもはずさないでください。

リユース用の選別　中古衣類として売れるものを選ぶ。

リユースされる中古衣類

リユースする衣類をていねいにたたむ。

反毛に再生

反毛とは「毛にかえす」という意味。もとは毛織物を毛にもどすこと、また、もとにもどした毛のことをいった。

反毛は、フェルト（たたいてうすいクッションのようにかためたもの）に加工され、自動車の座席の中身などに使われている。やわらかいうえ、音を吸収するので、静かに走ることができる。

たずねたリサイクル工場では、リユースできない衣類を反毛の加工場に運び、フェルトの材料にしている。また、糸をつむいで織り、軍手をつくっている。古着でつくった軍手は、やわらかく、いろどりもよいので人気がある。

反毛をつくる機械 古布を平たくのばしているところ。

反毛のリサイクルの流れ

原料を切り、反毛機へ入れる → 布地をほぐす →

原料

反毛機

針のついたローラー

切った布を風でふき上げる

ボタンやファスナーなどは重いので落ちる

反毛 衣類からもどしたせんいで、綿くずのように見える。

♻ リサイクル工場の人の話

ごみをへらすのに、よく「3R」が大切だといわれます。リデュース Reduce（発生抑制）、リユース Reuse（再使用）、リサイクル Recycle（再生利用）の3つですね。

衣類にも3つのRがあります。古着はリユース、反毛はリソース（再資源化）、そしてウエスはリサイクル（再生利用）です。

いっぽうで、たくさんの衣類が「燃やすごみ」として処理されています。10kgの衣類を買えば、9kgくらいはいらなくなって、ごみや資源物（資源ごみ）として出されています。燃やすごみとして出すのが6kg、資源物として利用されるのは3kgくらいの割合だと思います。

その大きな理由のひとつは、古着やウエスの利用がへって、加工しても買ってもらえない場合がよくあることです。

もっとリサイクルをさかんにしたいですね。

フェルトや糸にして製品をつくる

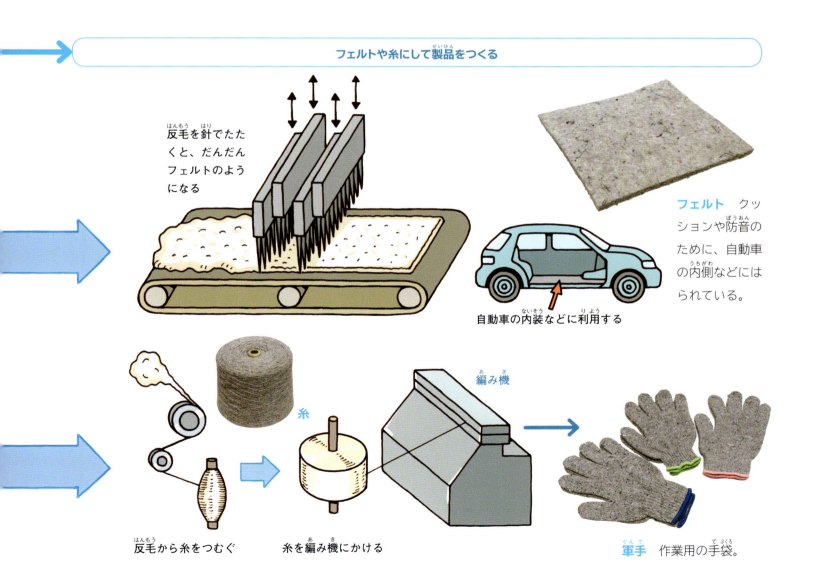

反毛を針でたたくと、だんだんフェルトのようになる

自動車の内装などに利用する

フェルト クッションや防音のために、自動車の内側などにはられている。

反毛から糸をつむぐ　　糸を編み機にかける

軍手 作業用の手袋。

ウエス

ウエスとは、工場で機械の油をぬぐいとったりするときに使う布のこと。古着を切ってつくる。

ウエスにする衣類を選ぶ ウエスに向いているのは、何度も洗ってやわらかくなった木綿の布。下着もウエスに向いている。

ウエスにする衣類

ウエスのつくり方

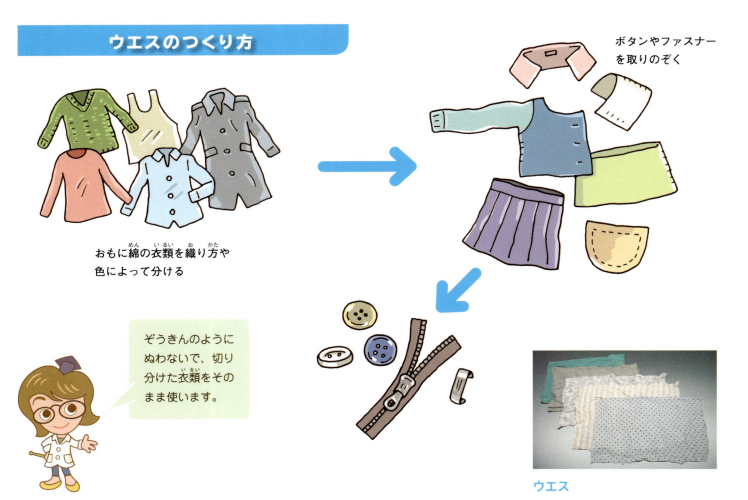

おもに綿の衣類を織り方や色によって分ける

ボタンやファスナーを取りのぞく

ぞうきんのようにぬわないで、切り分けた衣類をそのまま使います。

ウエス

♻ ふとんのリサイクル

　家庭から出るごみのうち、数が多く破砕選別施設で処理に手間がかかっているのが、ふとんだ。多くの市町村では「粗大ごみ」として収集し、古くなった家具などといっしょに、細かくしてから焼却している。

　綿が貴重だった昔は、ふとんの綿の打ち直しをした。ふとんから取りだして、よくほぐし、日に当てて乾燥させると、古くなってぺちゃんこになった綿でも、もとのふんわりした綿にもどすことができるからだ。

　今でも、ふとんを粗大ごみにするのではなく、綿の打ち直しをしているふとん店がある。

　羽毛ぶとんの羽毛の打ち直しも行われている。羽毛はアヒルなどの水鳥の羽からとれるもので、軽くて暖かい。1羽の鳥から少ししかとれない貴重な天然の素材だ。

ふとんの羽毛の再生

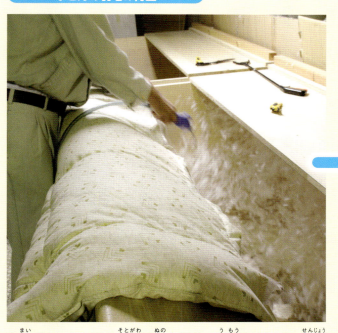

1枚ずつ、ふとんの外側の布を切り、羽毛を出して、洗浄機に入れる。

羽毛を洗浄機でよく洗い、かわかす。

羽毛　水鳥からとるふわふわした羽。写真は使い古したふとんの羽毛。

洗浄して再生した羽毛　古くなった羽毛をほぐし、ほこりやよごれをとってふわふわにする。

紙と布の3R
資源とエネルギーの節約

🍃 どうすれば3つのRになるのか

資源を大切にし、エネルギーの消費をおさえるために、よくいわれるのが3Rです。

3Rは、リデュース Reduce（発生抑制）、リユース Reuse（再使用）、リサイクル Recycle（再生利用）の3つをいいます。

ものの消費をおさえるリデュースは、材料にする資源の節約だけでなく、製造や運送のために使うエネルギーも減らすことができます。リユースとリサイクルも目的は同じです。

紙と布について、それぞれの3Rを考えてみましょう。

紙の3R

リデュース

店で売られている品物が、紙箱や紙に何重にもつつまれていたりする。そうした不必要に多く使われている紙をへらす。
紙コップ、紙皿など、使いすての紙をへらす。

リユース

1回使ったコピー用紙を裏返して、もう1度使う。
広告のちらしやカレンダーの紙の裏を使う。

リサイクル

古紙の回収に協力する。再生紙を使う。

集積所に出された新聞や雑誌、段ボールなどの古紙。

布の3R

リデュース

洋服をむだに多く買わない。

リサイクル

衣類を資源回収に出して、反毛やウエスの材料にする。

リユース

体が大きくなって着られなくなった衣類などを資源回収やフリーマーケットに出して、ほかの人に使ってもらう。ほかの人と衣類を交換したり、買ったりして古着を使う。

フリーマーケット 家庭でいらなくなった衣類や本などの品物を持ちよって売り買いするイベント。

もっとくわしく知りたい人へ
紙と布のリサイクル

紙と布のせんい

　紙と布は、どちらも「せんい」でつくられています。紙はおもに木材からとったせんい、布は動物・植物からとった天然せんいのほか、人工的につくった合成せんい（化学せんい）からつくられています。

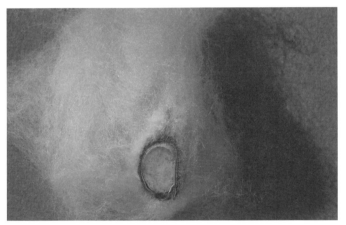

ワタの種子からのびたせんい　花のように見えるので綿花という。毛のように見えるせんいを木綿の原料にする。

【せんいは水にとけない】　せんいとは、糸のように細くて長いものをいいます。

　1本のせんいはたいへん細いので、紙を水に入れると、とけてしまったように見えることがあります。しかしそれは、せんいが細かくばらばらになって水中にういているだけで、水にとけているわけではありません。

　せんいは水にとけないので、古紙を水中でばらばらにして、せんいを集めなおし、再生パルプにすることができます。また、衣類はよごれても洗たくすれば、よごれを落としてきれいにできます。古紙や布を回収して資源としていかせるのも、せんいが水にとけないからです。

【植物のせんい】　紙や木綿、麻糸に利用されている植物のせんいは、セルロースとよばれる炭水化物の一種です。紙の原料のパルプは、木材の中からセルロースを集めたものです。

　セルロースは、じょうぶなものですが、古紙から再生するときは、印刷のインクをぬいたりするときに切れて短くなるなどの劣化がおこります。そのため、14ページの写真にあるように、再生紙をつくるときにフレッシュパルプを少しまぜて、紙の質をよくすることも行われています。

和紙と洋紙

　和紙は日本で昔からつくられてきた紙です。洋紙は機械でつくる西洋の紙で、日本には明治時代（1868～1912年）に伝わりました。今の紙のほとんどは洋紙です。

【和紙と洋紙のせんい】　和紙と洋紙の大きなちがいは、原料です。洋紙はパルプからつくりますが、和紙は24ページにあるように、ミツマタ、コウゾなどの木の茎や枝の皮を原料にします。

　ノートの紙と書道用の和紙を水でといて、せんいをくらべてみました。和紙のせんいのほうが、ずっと長いのがわかります。このため、和紙はじょうぶで、くりかえし使っても、いたみが少ないのです。

　和紙のせんいをくっつけているネリ（トロロア

オイの根からつくるのり）も、水にとけやすいので、リサイクルのじゃまになりません。

　字を書いた墨を完全にぬくことはできませんが、再生するときに水でうすまるので、紙全体では色がわずかになります。和歌を書く用紙には、少し色がついた紙のほうが好まれるということもありました。

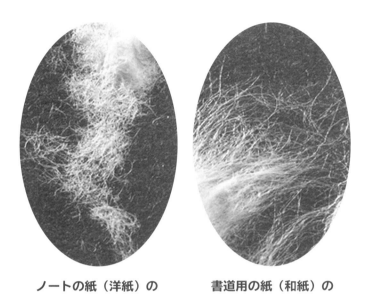

ノートの紙（洋紙）の
せんい

書道用の紙（和紙）の
せんい

紙の使用量とリサイクル

　日本の紙の生産量は、紙と板紙を合わせて、2600万トンほどです。それは中国・アメリカにつぐ量で、世界全体の生産量の6％くらいにあたります。

【紙のリサイクル】 古紙の回収はさかんです。しかしリサイクルは、回収するだけでなりたつことではありません。

　古紙を回収して再生パルプにしても、使い道がなければリサイクルできないのです。紙については古紙があまって、リサイクルがうまく進まないこともありました。

　そこで再生パルプを使っている紙には、11ページ、15ページにあるリサイクルマークをつけて、消費者に積極的に使ってもらうように、よびかけています。

　また、トイレットペーパーのしん、段ボールの中しんのように、あまり上質ではない再生パルプを使っても品質に影響がない製品に古紙をいかすくふうもされています。

紙の使用量の変化 1人当たり1年間の量。
（紙・板紙の計／古紙再生資源センター『古紙再生ハンドブック2015』）

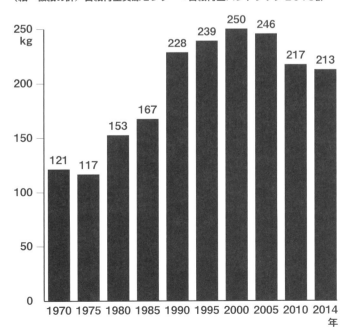

世界の紙の生産量 日本は第3位。
（紙・板紙の計／日本製紙連合会HP『世界の中の日本』）

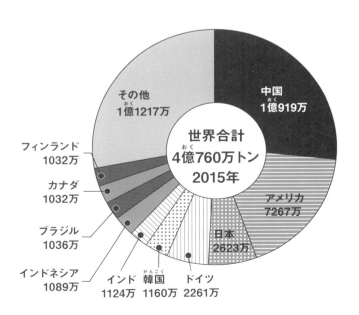

布のリサイクル

28 〜 29 ページで見たように、くらしの中で布はいっぱい使われています。ところが、古着としてリユース（再使用）されたり、反毛にしてリサイクルされているのは、ごく一部です。カーテン、毛布、クッションなど、多くの布製品は「燃やすごみ」や「粗大ごみ」として収集され、処理されています。

【布のリサイクルが進みにくい理由】布のリサイクルがむずかしいことには、次のような理由があります。

①せんいを再生しにくい。

紙は水中でせんいをばらばらにしてせんいを回収できますが、布は糸を織ってあります。また、いろいろなせんいをまぜて糸にし、織ってあることも多いので、回収がむずかしいのです。

近年は、うすくてもあたたかい下着など、特殊な加工がしてある衣類も多くなっています。そうして、せんいや布の種類がふえると、ますます再生がむずかしくなります。

②ねだんが安い。

大量生産によって、衣類が大変安く買えるようになりました。着なくなったらリサイクルせずに、気楽にすてる人が多くなっています。

③再生品の使い道が少ない。

布の再生品の使い道が少ないこともリサイクルしにくい理由です。しかし、37 ページで見たように、反毛でつくったフェルトや手袋づくりなどのくふうで、使い道を広げることが行われています。

参考になるサイト　　たくさんのサイトがあります。名前を入れて検索してみてください。

紙について

▶資源・リサイクル促進センター「もっと調べてみよう」

▶日本製紙連合会　製紙産業の現状

▶古紙再生促進センター『古紙ハンドブック』

▶古紙再生促進センター　紙のリサイクル

▶全国段ボール工業組合連合会　段ボール情報館

▶紙の博物館

▶北越コーポレーション

▶全国牛乳容器環境協議会

▶紙製容器包装　日本容器包装リサイクル協会

▶紙製容器包装リサイクル推進協議会

布について

▶日本絹の里

▶布のリサイクル（仙台市のサイト）

▶ナカノ株式会社　繊維リサイクル・製品製造

▶丸八ホールディングス　羽毛ふとんリフレッシュ

全巻さくいん

この全巻さくいんの見かた

調べたい言葉（あいうえお順） ─── 説明がある巻とページ

例 新聞紙 ············ ❷–5,10 ❺–6

→この例では、第2巻の5,10ページと第5巻の6ページ。

あ

赤潮	❻–36,37
空きかん	❶–36 ❸–14,18,19,42,43
空きびん	❸–6,8,9,11,12
アスベスト（石綿）	❶–7,32
アルミかん	❶–25 ❸–14,17〜21, 42,43 ❺–30,31
アルミかんのマーク	❸–17
アルミかんのリサイクル	❸–20,21,42
アルミニウム	❶–21 ❸–14〜16,19,21,42
イタイイタイ病	❶–20,42
板紙	❷–4,12,16,43
一般廃棄物	❶–6,9,26 ❺–44
衣類（衣料）	❷–28〜38,42,44 ❺–43
衣類乾燥機	❹–12,22,42
衣類のリサイクル工場	❷–34
衣類のリユース	❷–35
飲料かん	❸–18
ウエス	❷–32,34,37,38
雨水の利用	❻–30,31
海のごみ	❻–38,39
埋め立て地	❶–30 ❺–6,18,27,36 →最終処分場も見よ
エアコン	❶–12,21 ❹–7,8,16,17,21,36,42,44
エアコンのリサイクル	❹–16
エコデザイン	❹–20,40
エコタウン	❶–38,39
エコロジーボトル	❸–10
エコロジーボトルのマーク	❸–10
汚染者負担の原則	❶–43
オゾン	❻–14,15
オゾン層	❶–21,43 ❹–7,44
汚泥	❻–16,24,26,27,37,43

か

海水の淡水化	❻–15
化学せんい	❷–26,27,42
拡大生産者責任	❶–44
家庭系廃棄物	❶–6
家電製品	❶–16,37,43 ❹–4,5,8〜11,20〜22,42,44 ❺–9,24
家電製品のリサイクル	❹–10〜19,42
家電リサイクル施設	❹–10,11
家電リサイクル法	❶–22,23 ❹–8,9,12,42
紙製容器包装識別マーク	❷–19
紙→古紙も見よ	
紙の種類	❷–4
紙の使用量	❷–8,43
紙の生産量	❷–4,43
紙のつくり方	❷–6
紙のマーク	❷–15
紙のリサイクル	❷–8,43
紙パック	❷–11,18,19 ❸–4
紙パック識別マーク	❷–19
紙容器	❷–18 ❸–34
ガラスびん	❶–25 ❸–4,6,8,10, 42→びんも見よ
ガラスびんのつくり方	❸–6
カレット	❸–6,10〜13,42 ❺–31
かん	❶–25 ❸–14〜23,42,43
かんができるまで	❸–16
環境基本法	❶–22
環境省	❶–21,43
環境（汚染）問題	❶–20〜22,43 ❹–40
危険なごみ	❶–32
牛乳パック	❷–10,11,18〜21
牛乳パックができるまで	❷–18
牛乳パック再利用マーク	❷–21
牛乳パックのリサイクル	❷–20

牛乳びん	❸–5,7〜9
拠点回収	❺–9,42
グリーン購入法	❶–22,23
グリーンマーク	❷–11
蛍光管	❶–25 ❹–15,22,43 ❺–6
携帯電話	❹–26,27,42,43
下水汚泥の処理	❻–26
下水管	❻–22,28
下水処理水の利用	❻–30,31
下水処理場	❻–22〜24,26,43
下水処理場のしくみ	❻–24,25
下水道	❻–22,24,28,32,33,36〜38,42,43
下水道のしくみ	❻–22,28,29
下水道の料金	❻–32,33
下水の熱利用	❻–29
ケミカルリサイクル	❸–44
建設リサイクル法	❶–23
公害	❶–20,22,42,43
工業用水	❻–20
降水量	❻–20,34,42
合成せんい	❷–26,27,42
高度経済成長期	❶–10〜12,16〜18,20,21,40,43 ❻–43
高度浄水処理	❻–14,15
小型家電	❶–23,25,44 ❹–22〜24,30,42,43
小型家電のリサイクル	❹–26〜29,42
小型家電マーク	❹–23
小型家電リサイクル法	❶–23 ❹–22,23,28,42
古紙	❶–24,25 ❷–8〜15,22,23,32,42,43
古紙の回収	❷–8,9,40,43
古紙の分別	❷–10
古紙のリサイクル	❷–11〜15
古紙ボード	❷–14,23
個人情報	❹–23,26
ごみ収集車	❺–10〜14,40,42

45

ごみ集積所 ……………… ❺—8〜10,13,42
ごみ処理にかかるお金 ……………… ❺—40
ごみ戦争 ……………… ❶—20
ごみの計量 ……………… ❺—13
ごみの収集 ……………… ❺—10,41,42
ごみの中身 ……………… ❶—12,13
ごみの量 ……………… ❶—8〜11,40
　❺—5,10,14,17,23,34,42,43
ごみ発電 ……………… ❶—27 ❺—20,21
ごみピット ……………… ❺—14,15
コンビニ（コンビニエンスストア）………
　❶—13
コンポスト ……………… ❺—43,44

さ

災害廃棄物 ……………… ❶—34,35,44
最終処分 ……………… ❶—8,24 ❺—6,32
最終処分場 ……………… ❶—27,30,31,35,43
　❺—6,18,19,26,27,32〜41,44
最終処分場の跡地利用 ……………… ❺—38
最終処分場の残余年数 ……………… ❶—30
　❺—44
最終処分場の残余容量 ……………… ❶—30
最終処分場のしくみ ……………… ❺—36
再生紙 ……………… ❷—14,22,25,40,42
再生パルプ ……………… ❷—4,6,11,12,14〜16,
　23,42,43
産業廃棄物 ……………… ❶—6,7,9,36 ❺—5
事業系廃棄物（ごみ） ……………… ❶—6 ❺—42
資源物（資源ごみ） ……………… ❶—24,25
　❷—8,10,20,32,37 ❸—8,14,18,36,37
　❺—6,9,30,31,42,43
資源有効利用促進法 ……………… ❶—22,23
自動車（乗用車） ……………… ❶—16,17,20,
　42〜44 ❸—43 ❹—4,34〜41,43,44
自動車の数 ……………… ❹—34
自動車のリサイクル ……………… ❹—36〜39,43
自動車リサイクル法 ……………… ❶—23 ❹—36
自動販売機 ……………… ❶—13
収集車 ……………… ❺—10〜14,40,42
集積所 ……………… ❺—8〜10,13,42
集団回収 ……………… ❶—24 ❺—9,30,42
主灰 ……………… ❺—12,18,19
シュレッダーダスト ……………… ❹—39
循環型社会形成推進基本法

❶—22,43
省エネ ……………… ❹—20,21,40
浄化槽 ……………… ❻—23
焼却炉 ……………… ❶—26,43 ❺—12,14〜20,32
浄水場 ……………… ❻—6,8,10,12,13,16,18
上水道→水道を見よ
食品リサイクル法 ……………… ❶—23
食品ロス ……………… ❶—18,19,43
食料自給率 ……………… ❶—19
浸出水 ……………… ❺—36,37
新聞紙 ……………… ❷—5,10 ❺—6
水銀 ……………… ❶—20,27,32,42,43
　❹—32,43 ❻—44
水源林 ……………… ❻—9,42
水質悪化 ……………… ❻—36
水道 ……………… ❻—5〜8,11,18,22,30,
　32〜34,42
水道水 ……………… ❻—8,14
水道の配水 ……………… ❻—18,19
水道の料金 ……………… ❻—32,33
スーパー（スーパーマーケット）
　……………… ❶—4,13,16 ❷—20
スチール ……………… ❸—14,16,23,43
スチールかん ……………… ❶—25 ❸—14,17〜
　19,22,23,43 ❺—30,31
スチールかんのマーク ……………… ❸—17
スチールかんのリサイクル ……………… ❸—22,
　23,43
スマホ（スマートフォン） ……………… ❶—37,44
　❹—5,24,26〜28,31,42,43
スマホのリサイクル ……………… ❹—26,27
生活用水 ……………… ❻—20〜22
生活排水 ……………… ❻—22
製紙工場 ……………… ❷—7,8,9
清掃工場 ……………… ❶—20,26,43 ❹—43
　❺—11〜14,16,17,20,24,27,32,35,
　39〜43
生物濃縮 ……………… ❻—43,44
セルロースファイバー ……………… ❷—23
ゼロ・ウェイスト ……………… ❶—40
ゼロ・エミッション ……………… ❶—38
せんい ……………… ❷—6〜8,12,14,15,20,24〜
　30,32,36,42〜44
洗たく機 ……………… ❶—16,17,43
　❹—4,5,8,12,13,22,42

洗たく機のリサイクル ……………… ❹—12,13
選別機 ……………… ❺—27
粗大ごみ ……………… ❶—17,24
　❺—6,7,24〜28,42,43

た

ダイオキシン類 ……………… ❶—27,43 ❺—17
大気汚染 ……………… ❶—43 ❺—18
たい肥 ……………… ❶—27 ❺—22,23
太陽光発電 ……………… ❺—38
多分別 ……………… ❺—7
ダム ……………… ❻—8,9,42
段ボール ……………… ❷—4,5,8,10,11,16,
　17,40,43
段ボールのマーク ……………… ❷—17
段ボールのリサイクル ……………… ❷—16
地球温暖化 ……………… ❶—21,27,40,42〜44,
　❹—7,16,20,40,44
地球環境 ……………… ❶—22 ❹—44
中央管制室 ……………… ❺—16
中間処理 ……………… ❶—24 ❺—6,32
中古衣類（衣料） ……………… ❷—32,34,35
中水道 ……………… ❻—30,31
ティッシュペーパー ……………… ❷—4,11,20,21
デポジット制度 ……………… ❸—9,40,41
テレビ ……………… ❶—16,17,43 ❹—4,8,14,
　15,21,22,31,42
テレビのリサイクル ……………… ❹—14,15
電子ごみ ……………… ❶—37,44
電池 ……………… ❶—25,43 ❹—22,26,27,30〜
　33,43 ❺—6
電池の種類と生産量 ……………… ❹—30
電池のリサイクル ……………… ❹—32,33,43
天然せんい ……………… ❷—26,27,42
トイレットペーパー ……………… ❷—4,5,11,20,21,
　43
特別管理廃棄物 ……………… ❶—6,7,24,32
都市鉱山 ……………… ❹—24〜26,28,43
トレー ……………… ❶—4 ❸—24,29 ❺—4,30

な

生ごみ ……………… ❺—7,10,16,22,23,36,43
鉛 ……………… ❶—27,32,37 ❹—32
二酸化炭素 ……………… ❶—21,27,38,43
　❹—16,20,40 ❻—43

46

二次電池 ❹–30～32,43
布 ❶–25
❷–26～32,36,38,40～42,44
布のリサイクル ❷–30,41,44
熱利用（下水道） ❻–29
熱利用（清掃工場） ❶–27
❺–18,20,21
農業用水 ❻–4,6,20

は

バイオガス ❺–22,23
バイオハザードマーク ❶–7
排ガス（排気ガス） ❶–20,27,43
❹–43
廃棄物 ❶–4,6～9,22,25,26,32～37,44 ❺–5,44
廃棄物処理法 ❶–22,23,43
配水所（給水所） ❻–18
破砕機 ❺–25,27
パソコン ❶–25,37,44 ❹–28,29
パソコンのリサイクル ❹–28,29
発電 ❺–12,20,21,23,38,43
発泡スチロール ❸–29
パルプ ❷–6～16,20,22,30,42
パルプモールド ❷–23
反毛 ❷–32,34,36,37,41,44
微生物の働き ❶–38 ❻–24,25,43
飛灰（ばいじん） ❶–25,27
❺–13,18,19
びん ❶–25,36 ❸–42 ❺–6,7,9,30,31→ガラスびんも見よ
フードバンク ❶–19
フェルト ❷–36,37
不適正処理 ❶–37
ふとんのリサイクル ❷–39
不法投棄 ❶–36,37
プラスチック ❶–12,17,23,35,43
❸–12,18,24～29,31～35,38,39,43,44 ❻–38,39,44
プラスチック製品のつくり方 ❸–26,27
プラスチックのつくり方 ❸–26
プラスチック製容器包装 ❶–23,25 ❸–28～31,43 ❺–30
プラスチック製容器包装の回収 ❸–28,29
プラスチック製容器包装のリサイクル ❸–30～33,43
プラマーク ❸–28,29,44
古着 ❷–30,32,35～38,41,44
フレーク ❸–32,33,39,43,44 ❺–31
フロン類 ❶–21,32,43
❹–7,16,18,19,36,44
分別 ❶–24,29,40 ❹–43
❺–6,7,9,30,42～44
ペットボトル ❶–25,36 ❷–18,27
❸–4,8,26～28,30,34～39,43,44
❺–4,6,9,30,43
ペットボトルのゆくえ ❸–36
ペットボトルのリサイクル ❸–36～39,43
ヘドロ ❻–37
ペレット ❸–26,33,39,43,44 ❺–31
ポイ捨て ❶–36 ❻–40

ま

マイクロプラスチック ❻–38～40,44
マテリアルリサイクル ❸–44
丸正マーク ❸–5
水資源 ❻–42
水の大循環 ❻–4,5
水俣病 ❶–20,42 ❻–44
メタンガス ❶–21,27 ❺–22,23,36,43 ❻–27,43
モバイル・リサイクル・ネットワークのマーク ❹–26
燃やさないごみ ❶–12,24,25
❺–6,27,32,41,43
燃やすごみ ❶–12,24,25 ❷–44
❺–6,16,41,43

や

有害なごみ ❶–32,33
有料収集 ❺–40,41
容器包装リサイクル法 ❶–23,44
❸–28,29,36
洋紙 ❷–42,43
用水 ❻–6
溶融スラグ ❺–19

ら

リサイクル（再生利用）
❶–14,15,22,23,28,37 ❸–40
→それぞれの項目のリサイクルも見よ
リサイクルセンター ❺–28,30,43
リターナブルびん ❸–8～10,40,42
リターナブルびんのマーク ❸–8
リデュース（発生抑制）
❶–40 ❷–37,40,41
リペア（修理） ❺–29
リユース（再使用）
❶–4,14,37,40,44 ❷–34～37,40,41,44 ❸–40～42 ❹–9,34,38,43
❺–28,29
レアメタル ❶–44
❹–24～27,32,42,43
冷蔵庫 ❶–12,16,17,21,37,43 ❹–4,6～8,18,19,21,22,42,44
冷蔵庫のリサイクル ❹–18,19
冷媒 ❶–43 ❹–6,7,16,18,19,44
レジ袋 ❶–17 ❻–40

わ

和紙 ❷–24,25,42,43
ワンウェイびん ❸–8～10

英・数

3R ❶–40 ❷–37,40,41 ❹–40
PCB（ポリ塩化ビフェニール）
❶–7,21,25,32,43 ❻–38,43
PET樹脂 ❷–27
❸–34,35,38,39,43 ❺–31
RPF ❷–22

監修 **松藤 敏彦**（まつとう　としひこ）

1956年北海道生まれ。北海道大学卒業。廃棄物工学・環境システム工学を専門とする。廃棄物循環学会理事(元会長)。工学博士。北海道大学名誉教授。ごみの発生から最終処分まで、ごみ処理全体を研究している。主な著書に、『ごみ問題の総合的理解のために』（技報堂出版）、『環境問題に取り組むための移動現象・物質収支入門』（丸善出版）、『環境工学基礎』（共著・実教出版）、『廃棄物工学の基礎知識』（共著・技報堂出版）など多数ある。

文	大角修
表紙作品制作	町田里美
イラスト	大森眞司
撮影	松井寛泰
デザイン	倉科明敏（T.デザイン室）
DTP	栗本順史（明昌堂）
校正	鷹羽五月
企画・編集	渡部のり子・伊藤素樹（小峰書店）／大角修・佐藤修久（地人館）
協力	ナカノ株式会社、北越コーポレーション株式会社
写真提供	株式会社ウィンクリン、紙の博物館、群馬県立日本絹の里、古紙再生促進センター、三洋製紙株式会社、ダンボール倶楽部、株式会社デザインフィル、西日本衛材株式会社、株式会社西日本ペーパーリサイクル、日本化学繊維協会、農研機構、株式会社半沢紙店、ピクスタ、株式会社丸八ホールディングス、株式会社みのり建築舎

主な参考文献

環境省編『環境白書・循環型社会白書・生物多様性白書』『一般廃棄物処理実態調査結果』『環境統計集』『指定廃棄物の今後の処理の方針について』／松藤敏彦他『環境工学基礎』（実教出版）／松藤敏彦『ごみ問題の総合的理解のために』（技報堂出版）／廃棄物・３Ｒ研究会『循環型社会キーワード事典』（中央法規出版）／エコビジネスネットワーク（編集）『絵で見てわかるリサイクル事典—ペットボトルから携帯電話まで』（日本プラントメンテナンス協会）／高月紘『ごみ問題とライフスタイル—こんな暮らしは続かない』（日本評論社）／半谷高久監修『環境とリサイクル全12巻』（小峰書店）

調べよう　ごみと資源②
紙・牛乳パック・布　　　　　　　　NDC518　47p　29cm

2017年4月8日　第1刷発行　　　2022年5月10日　第5刷発行

監修	松藤敏彦
発行者	小峰広一郎
発行所	株式会社小峰書店　〒162-0066 東京都新宿区市谷台町 4-15
	電話 03-3357-3521　FAX 03-3357-1027　https://www.komineshoten.co.jp/
組版	株式会社明昌堂
印刷・製本	図書印刷株式会社

©2017 Komineshoten Printed in Japan　　　　　　　ISBN978-4-338-31102-1

乱丁・落丁本はお取り替えいたします。
本書の無断での複写(コピー)、上演、放送等の二次利用、翻案等は、著作権法上の例外を除き禁じられています。本書の電子データ化などの無断複製は著作権法上の例外を除き禁じられています。代行業者等の第三者による本書の電子的複製も認められておりません。